U0174672

优秀技术工人
百工百法丛书

徐成东
工作法

肉眼秒判
奥斯麦特炉渣
含铅品位

中华全国总工会 组织编写

徐成东 著

中国工人出版社

匠心筑梦　技能报国

技术工人队伍是支撑中国制造、中国创造的重要力量。我国工人阶级和广大劳动群众要大力弘扬劳模精神、劳动精神、工匠精神，适应当今世界科技革命和产业变革的需要，勤学苦练、深入钻研，勇于创新、敢为人先，不断提高技术技能水平，为推动高质量发展、实施制造强国战略、全面建设社会主义现代化国家贡献智慧和力量。

——习近平致首届大国工匠
创新交流大会的贺信

序

    党的二十大擘画了全面建设社会主义现代化国家、全面推进中华民族伟大复兴的宏伟蓝图。要把宏伟蓝图变成美好现实，根本上要靠包括工人阶级在内的全体人民的劳动、创造、奉献，高质量发展更离不开一支高素质的技术工人队伍。

    党中央高度重视弘扬工匠精神和培养大国工匠。习近平总书记专门致信祝贺首届大国工匠创新交流大会，特别强调"技术工人队伍是支撑中国制造、中国创造的重要力量"，要求工人阶级和广大劳动群众要"适应当今世界科技革命和产业变革的需要，勤学苦练、深入钻研，勇于创新、敢为人先，不断提高技术技能水平"。这些亲切关怀和殷殷厚望，激励鼓舞着亿万职工群众弘扬劳模精神、劳动精神、工匠精神，奋进新征程、建功新时代。

近年来，全国各级工会认真学习贯彻习近平总书记关于工人阶级和工会工作的重要论述，特别是关于产业工人队伍建设改革的重要指示和致首届大国工匠创新交流大会贺信的精神，进一步加大工匠技能人才的培养选树力度，叫响做实大国工匠品牌，不断提高广大职工的技术技能水平。以大国工匠为代表的一大批杰出技术工人，聚焦重大战略、重大工程、重大项目、重点产业，通过生产实践和技术创新活动，总结出先进的技能技法，产生了巨大的经济效益和社会效益。

深化群众性技术创新活动，开展先进操作法总结、命名和推广，是《新时期产业工人队伍建设改革方案》的主要举措之一。落实全国总工会党组书记处的指示和要求，中国工人出版社和各全国产业工会、地方工会合作，精心推出"优秀技术工人百工百法丛书",在全国范围内总结100种以工匠命名的解决生产一线现场问题的先进工作法,同时运用现代信息技术手段,同步生产视频课程、线上题库、工匠专区、元宇宙工匠创新工作室等数字知识产品。这是尊重技术工人首创精神的重要体现,是工会提高职工技能素质和创新能力的有力做法,必将带动各级工会先进操作法总结、命名和推广工作形成热潮。

此次入选"优秀技术工人百工百法丛书"作者群体的工匠人才,都是全国各行各业的杰出技术工人代表。他们总结自己的技能、技法和创新方法,著书立说、宣传推广,能让更多人看到技术工人创造的经济社会价值,带动更多产业工人积极提高自身技术技能水平,更好地助力高质量发展。中小微企业对工匠人才的孵化培育能力要弱于大型企业,对技术技能的渴求更为迫切。优秀技术工人工作法的出版,以及相关数字衍生知识服务产品的推广,将为中小微企业的技术进步与快速发展起到推动作用。

　　当前，产业转型正日趋加快，广大职工对于技能水平提升的需求日益迫切。为职工群众创造更多学习最新技术技能的机会和条件，传播普及高效解决生产一线现场问题的工法、技法和创新方法，充分发挥工匠人才的"传帮带"作用，工会组织责无旁贷。希望各地工会能够总结命名推广更多大国工匠和优秀技术工人的先进工作法，培养更多适应经济结构优化和产业转型升级需求的高技能人才，为加快建设一支知识型、技术型、创新型劳动者大军发挥重要作用。

中华全国总工会兼职副主席、大国工匠

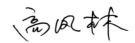

优秀技术工人百工百法丛书

机械冶金建材卷

编委会

作者简介
About The
Author

徐成东

　　1973 年出生，云南驰宏资源综合利用有限公司熔炼厂火法冶炼工，高级技师，云南驰宏锌锗股份有限公司特级技师（中国铝业集团技能大师）。

　　曾获"全国劳动模范""全国五一劳动奖章""全国技术能手""全国质量工匠""云南省劳动模范""云南省技术能手""云岭首席技师"等荣誉和称号。

　　参加工作 30 年来，徐成东始终发扬劳模精神、劳动精神、工匠精神，将岗位创新作为实现自我价值的有效途径。累计研发革新成果 30 余项，获国家专利 9 项、国家及省部级奖项 19 项。在他主导的创新技改下，艾萨炉喷枪、还原炉喷枪使用寿命显著延长，炉砖使用寿命显著延长。2020 年，徐成东带领工作室团队，不断开拓创新生产思路，组织新型原料处理模式，改变了铅系统多年来亏损的局面，当年盈利 5035 万元，为公司的生产经营作出了积极的贡献。

技能报国 铅心筑梦.书写有色
金属冶炼新华章.

徐克东.

目　录
Contents

引　　　言
Introduction

　　冶金是国民经济发展不可或缺的重要基础和工业化支柱，为航空航天、国防军工等重大战略工程提供关键原材料。建设冶金科技强国，推进冶金工业高质量发展是保障国家安全、应对国际竞争的重要支撑。

　　云南驰宏锌锗股份有限公司于1951年建厂，从最早的1.1平方米开放式鼓风炉，到密闭式鼓风炉，再到艾萨炉、奥斯麦特炉、侧吹还原炉，随着生产技术先进性的提升，对操作工的岗位技术要求也不断提升。

　　从现阶段国内铅生产整体情况来看，铅矿生产、再生铅方面的发展较为滞后，很多企业采用的冶炼技术相对落后，而且设备老化。云南驰宏资源综合利用有限公司采用富氧顶吹浸没法加侧吹还原技术进行铅精矿的冶炼，将燃料与富氧空气喷进渣层，在进行用量调节的同时进行搅拌，分别进行氧化、熔化以及还原等过程。其主要特征是：一台炉中能够分段进行氧化熔炼以及还原熔炼，或者能在两台炉中进行连续氧化还原；制备炉料系统没有严格要求，可进行铅精矿与返回烟尘处理；通过技术不断探索和改革，推动铅冶炼技术更好地发展。

第一讲

奥斯麦特炉熔炼工艺原理

一、作业原理

铅精矿、二次物料、铅银渣、铅渣、铜浮渣及含铅银物料（浸出渣、铸锭渣、银精矿、铜精矿、酸浸渣、低银炉砖、结晶渣、锌阳极泥等）、返尘、熔剂（石英砂、石灰石）、烟煤／无烟煤按配料比例充分混合，经制粒后从炉顶加料口送入奥斯麦特炉，氧气、空气及燃油通过喷枪直接以旋涡状喷射到熔池渣层内，使熔池剧烈搅动，炉料在炉内进行"气—固—液"三相的充分接触和迅速反应。熔炼过程中 PbS(硫化铅)与氧气反应生成 PbO(氧化铅)和 SO_2（二氧化硫）烟气，在弱还原环境下，生成的 PbO 又与 PbS 发生交互反应生成铅，烟煤在熔炼过程中提供热量，少部分烟煤参与 PbO 的还原反应。以下为具体的化学反应式。

$$PbS+2PbO=3Pb+SO_2\uparrow$$

$$2Pb+O_2=2PbO$$

$$C+O_2=CO_2\uparrow$$

$$PbO+CO=Pb+CO_2\uparrow$$

$$2PbS+3O_2=2PbO+2SO_2 \uparrow$$

$$2PbO+C=2Pb+CO_2 \uparrow$$

$$PbSO_4+CO=SO_2+PbO+CO_2 \uparrow$$

奥斯麦特炉熔炼作业流程如图 1 所示。

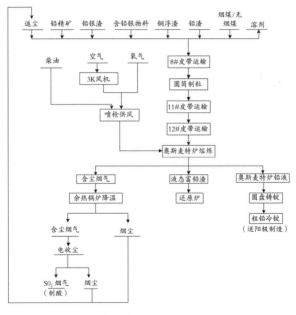

图 1　奥斯麦特炉熔炼作业流程

注：含铅银物料包括银精矿、铜铅混合矿、铅锌混合矿、金精矿、氧化铅精矿等。正常生产情况中，奥斯麦特炉不产粗铅，但铅口、圆盘铸锭单元仍然保留，特殊情况下使用。

二、奥斯麦特炉冶炼工艺介绍

云南驰宏资源综合利用有限公司所使用的奥斯麦特炉是一个高 13.2m、约 4.5m 直径，使用耐火材料制成的圆柱形容器，炉子上端设有加料口、喷枪口和烟道口，底部设有两个排放口、一个放渣口、一个放铅口。铅精矿、熔剂、烟尘等按配料比例充分混合并经制粒机制粒后，由皮带运输机从炉顶加料口送入炉内，PbS 氧化所需的氧气、空气及燃油，通过喷枪直接以旋涡状喷射到熔池渣层中，并使熔池剧烈搅动，加快冶炼过程的传热和传质速度，大大强化了炉熔炼的氧化过程。整个反应释放出大量的热，加入的炉料被迅速加热熔化并完成冶金过程的反应，反应所生成的富铅渣从渣口排出，至侧吹还原炉进行还原处理。

奥斯麦特炉对原料适应性强，不仅可以处理铅精矿，而且可以处理各种二次含铅物料、铅渣等。对物料的粒度无特殊要求，无论是块状还是粉末状都可以。备料过程简单，混合的铅精矿、溶剂经制粒机制粒后，即可入炉。为防止精矿过早从进料口下方进入烟气，入炉物料水分一般控制在 9%~13%，对入炉物料成分也无特殊要求，一般情况下，Pb 的质量分数控制在 45%~60%。Pb 的质量分数越高，越有利于整个熔炼过程。入炉物料的主要化学成分及物料示意图见表 1~表 6、图 2~图 5。

表 1　铅精矿主要化学成分（干基，质量分数）

元素	Pb	SiO$_2$	CaO	Cd	Fe	As	S
w/%	> 45	< 6	< 2	< 0.03	< 7	< 0.8	10~16

图 2　铅精矿

表2　铅渣主要化学成分（干基，质量分数）

分类	Pb 的质量分数不小于	杂质的质量分数不大于		
		Zn	S	H$_2$O
一级	30	8	14	18
二级	24	10	15	21
三级	18	12	18	24

注：将三级品标准作为最低内部控制要求。

图 3　铅渣

表3　烟煤质量技术要求（单位：%）

C	As	V（干基）	S	H$_2$O	粒度 /mm	控制线
≥ 77	≤ 18	≤ 10	≤ 1.2	≤ 10	≤ 15	固定碳下限 65

表4　无烟煤质量技术要求（单位：%）

C	As	V（干基）	S	H$_2$O	粒度 /mm	控制线
≥ 77	≤ 18	≤ 10	≤ 1.2	≤ 10	≤ 15	固定碳下限 65

表5　石英石主要化学成分（单位：%）

CaO	SiO$_2$	Fe	MgO
0.1~0.5	80~95	1.5~3	0.1~1

图4　石英石

表6　石灰石主要化学成分

组分	CaCO$_3$
w/%	≥ 90

图5　石灰石

表 7　入炉物料主要化学成分（干基，质量分数）

元素	H$_2$O	Pb	SiO$_2$	Zn	Cu	CaO	Cd	Fe	As	S	Bi
w/%	10~13	30~45	< 6	< 8	< 1.5	< 2	< 6.5	< 7	< 0.5	8~15	< 0.4

第二讲

奥斯麦特炉的熔炼过程控制

奥斯麦特炉熔炼是通过炉顶插入的喷枪将富氧空气和燃料喷入竖式熔池内，浸没喷射产生湍动熔池，使氧化反应或还原反应激烈地进行造锍熔炼的熔炼方法。奥斯麦特工艺的核心是一根长 16.31m 的奥斯麦特喷枪，喷枪将富氧空气和燃油喷入熔融渣层，富氧空气的通过让喷枪外壁自然形成一层冷凝渣层，从而有效地保护了喷枪端部。喷枪采用两层同心套管，内管喷油，外管喷富氧空气，喷枪前部设置一个旋流器，将富氧空气和燃油混合均匀。但是在熔炼过程中，炉内气氛控制不好会发生泡沫渣问题。

一、泡沫渣的产生

1. 问题描述

泡沫渣会产生于整个奥斯麦特炉熔炼过程中（如下页图 6 所示），对奥斯麦特炉的连续作业有很大的影响，在实际生产过程中，由于大量泡沫渣的产生造成奥斯麦特炉喷枪剧烈摆动，炉体晃动幅度加大，给生产安全带来巨大的隐患。通常在特殊情况下，等不及分析报告出具结果，无法及时调整生产工艺参数，导致生产不稳定。因此，需要通过快速观察渣的颜色、断面状况、烟气颜色、流动状态等现象，及时判断渣的含铅量，以此快速对应开展奥斯麦特炉工艺操作参数和物料配比调整，达到稳产高产的效果。

图 6　熔炼过程产生的泡沫渣

①富铅渣含铅的高低是奥斯麦特炉熔炼产生泡沫渣的根本原因。一般来说，随着渣含铅量的升高，产生泡沫渣的可能性增加，渣含铅以40%左右为转折点，如果渣含铅在40%以下，泡沫渣产生的可能性很小。

②喷枪空气流量的大小会影响泡沫渣产生的程度。在有泡沫渣存在的情况下，如果喷枪空气流量加大，则泡沫渣加重；反之，减小喷枪空气流量，则泡沫渣减弱，但不会消失。因此，喷枪空气流量的大小是加重或减弱泡沫渣的一个原因，但不是形成泡沫渣的根本原因。

③渣的流动性是形成泡沫渣的原因之一。在实践中，如果渣的流动性极差，黏稠度大，则此时产生泡沫渣的可能性极小；相反，如果渣的流动性极好，则此时泡沫渣就会产生，而且有时会很严重，在此种情况下，泡沫渣5分钟就可达到3.5m以上。

④由于奥斯麦特炉入炉物料的复杂性，无法做

到长期保持稳定的物料配比，每个批次的物料成分差异比较大，给物料的配比也带来了极大的困难。根据数据分析其原因，物料中酸浸渣的配入量直接影响了奥斯麦特炉泡沫渣产生的难易程度，当酸浸渣配入量过多时，熔炼过程中更加容易产生泡沫渣。相反，当酸浸渣配入量比较少时，泡沫渣的产生量则相对变少了许多。

2. 解决泡沫渣产生的根本措施

①合理搭配入炉物料配比，严格控制富铅渣 SiO_2/Fe：0.6%~1.5%；CaO/SiO_2：0.3%~0.65%。奥斯麦特炉入炉物料分析如表8所示。

表8　奥斯麦特炉入炉物料分析（单位：%）

Pb	Zn	S	Fe	SiO_2	CaO
35~45	< 8	8~15	< 7	< 6	< 2

②调整空气流量，在泡沫渣产生的情况下，可以在熔炼状态下适当减少空气流量，减少熔炼过程中因空气鼓入量过大造成熔池的剧烈搅动翻腾，从

而达到稳定泡沫渣的效果。

　　③合理控制各项操作系数，控制熔炼过程与提温过程的富氧浓度，提温过程适当降低富氧浓度、加油量、进煤量、温度等，在调整参数时一定不能大幅度调整，应循序渐进，视熔炼情况而细心操作，也可以降低或减缓泡沫渣的形成。

　　通过以上措施极大地减少了泡沫渣的产生，可仍无法保证在熔炼过程中绝对不会产生泡沫渣，因此针对奥斯麦特炉炼铅工艺，我们也探讨出了在产生泡沫渣后，需要经过怎样的操作才能快速消除泡沫渣。产生轻微泡沫渣的主要迹象是：喷枪摆动较大、厂房振动较大、喷枪端压及背压较高、熔渣从三口（进料口、喷枪口、保温烧嘴口）喷溅等。应急处置方法为：停止进煤，降低进料量，喷枪提起至泡沫渣层，切记不可将喷枪插入过深，同时将喷枪的用油量加到400~1000L/h烧泡沫渣，待泡沫渣消除后，再组织正常的熔炼程序。

3.实施效果

经过不断的实践与优化，有效地解决了奥斯麦特炉熔炼过程中产生大量泡沫渣的难题，同时总结出一套完整的操作方法，对操作工进行系统的培训，让更多操作工掌握此项技能，大大降低了奥斯麦特炉熔炼的工艺难度，为奥斯麦特炉冶炼作业率和物料处理量的提升打下了一个很好的基础，为此类熔炼形式开辟出一条崭新的道路。

二、奥斯麦特炉熔炼过程中喷枪使用寿命短

1.问题描述

早期奥斯麦特炉投产，喷枪使用寿命短的问题比较严重。各种喷枪如下页图 7、图 9 所示，两种口径的喷枪材料如下页图 8 所示。正常熔炼情况下，平均 1.5 天就需要对喷枪进行更换，每次换枪时间最短都在 1 小时左右，这不仅造成了奥斯麦特炉连续作业的时间缩短，同时也增加了大量的材料损耗；不仅给冶炼工人带来了极大的工作量，也给生

图 7 冶炼过程中断裂的喷枪 图 8 两种口径的喷枪材料

图 9 奥斯麦特炉喷枪

产带来诸多不利的因素。为此对烧损的喷枪进行仔细检查，并结合实际生产过程中工艺参数的控制，对喷枪烧损的原因进行分析，总结出以下原因。

①喷枪末端钢材质量的好坏是决定喷枪使用寿命长短的主要因素。喷枪末端钢材分为普通不锈钢、253 型不锈钢、310S 型不锈钢、Co-Cr 合金不锈钢。如果选用普通不锈钢和 253 型不锈钢这两种型号的钢材来作喷枪头，则使用寿命非常短；如果选用 310S 型不锈钢、Co-Cr 合金不锈钢这两种型号的钢材，则喷枪的使用寿命会长一些，最好选用 Co-Cr 合金不锈钢。

②操作温度、喷枪空气流量、渣的流动性及操作方式也是影响喷枪使用寿命的原因。操作温度越高，则喷枪使用寿命越短，反之亦然；喷枪空气流量越小，则喷枪冷却效果就越差，喷枪使用寿命越短，反之亦然；渣含铅越高，渣的流动性越好，则越不利于挂渣，即使喷枪挂了渣，渣也很薄，不利于保护喷枪，导致喷枪烧损严重；在操作喷枪的过

程中，如果插入过深，造成铅层和喷枪末端直接发生接触，会使喷枪末端快速磨蚀。

③加油升温熔池是烧损喷枪最严重的情况之一。在喷枪加油率为 1200L/h 的情况下，加热熔池或融化冻结熔池时喷枪烧损是最严重的，平均每支喷枪使用寿命不超过 8h。在熔炼模式下，如果喷枪加油率超过 800L/h，此时也容易烧损喷枪。这是因为燃烧引起的磨蚀与富铅渣造成的磨蚀明显不同。烧坏的喷枪朝末端越来越薄，而富铅渣磨蚀的喷枪像被砍掉一样。

2. 解决措施

①选用好的钢材来制作喷枪，如 310S 型不锈钢或 Co-Cr 合金不锈钢。

②操作温度不宜过高，且不能插入熔池太深，保持合理的渣型，使喷枪容易挂渣，并且具有一定厚度。

③确保流过喷枪的空气流量达到要求，让喷枪在熔体中得到充分冷却。在相同的条件下，尽量使

用小口径喷枪，这样可以更好地满足喷枪的空气流量。喷枪使用寿命与空气流量的关系如表9所示。

表9　喷枪使用寿命与空气流量的关系

喷枪直径（内径）/mm	喷枪使用寿命较长的空气流量 /Nm³/s	喷枪使用寿命中等的空气流量 /Nm³/s	喷枪使用寿命较短的空气流量 /Nm³/s
273	≥ 5.0	4.0~5.0	<4.0
219	≥ 3.0	2.5~3.0	<2.5

④加热熔池时，喷枪不宜长时间停留在熔池中，间隔一定时间应把喷枪提出熔池，冷却后再进入，如此反复升温熔池。在融化冻结熔池时，最好在熔炼模式下适当加入一些品位较高的精矿，使其在喷枪搅拌的情况下自然熔化，这样有助于提升喷枪的使用寿命。

⑤不断提高操作工的操作水平，在实践中不断摸索并确定喷枪头在熔池中的正确位置，经过不断实验，喷枪插入熔池深度保持在300~500mm最为合适。喷枪插入熔池位置如下页图10所示。

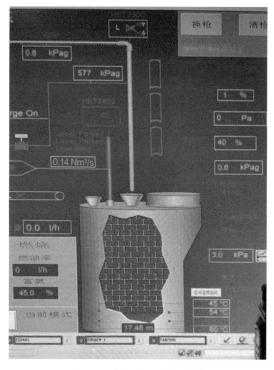

图 10　喷枪插入熔池位置

3. 实施效果

通过快速取奥斯麦特炉渣样观察渣子状态，来判断物料变化尤为重要。经过对喷枪的材料选择以及喷枪使用过程中各项参数的调整，成功提升了喷枪的使用寿命，喷枪的使用寿命从原来不到 1 天逐步提升到 6 天以上，每年可节省成本 200 余万元，同时减少了奥斯麦特炉熔炼过程中换枪所浪费的时间，奥斯麦特炉作业率得到极大的提高。

三、奥斯麦特炉熔炼过程中烟尘量过大

1. 问题描述

余热锅炉和电收尘所收集的烟尘，通过链式刮板送到烟尘仓，当炉子抽力过大、制粒系统不正常时，未熔化的精矿粉进入烟尘系统才开始燃烧，导致电收尘内部温度过高，对设备造成危害。在生产中，奥斯麦特炉所产生的烟尘量，几乎达到 45%，加之气化喷射泵经多次调试都无法使用，给整个操作环境带来了不利的影响。由于操作的不稳定性，

烟尘的颜色也出现了白色、白灰色以及灰黑色。烟尘的化学成分如表 10 所示。

表 10　烟尘的化学成分（单位：%）

Pb	S	Zn	As	Sb
65.93	6.0	1.7	微	微
65.81	5.92	1.76	微	微
64.78	5.55	2.89	微	微

烟尘多的原因主要有以下几条。

①入炉原料中水分控制不合理是主要原因之一。水分太低，原料在未进入熔池时就被吸入余热锅炉或电收尘中，导致烟尘率高，甚至出现黑色烟尘。

②炉子抽力控制不恰当也是烟尘率高的原因之一。炉子抽力大，使进入炉子的物料被提前抽入余热锅炉或电收尘中，导致烟尘率高。

③泡沫渣的产生也是导致烟尘率高的一个原因。熔炼中一旦产生泡沫渣，此时，熔池就升高，一般达到 3.5~3.8m，导致烟气区温度升高，进入

的物料在高温情况下失去水分，还未来得及参加反应就被吸入余热锅炉或电收尘中，使烟尘率增高。

④操作温度过高，使熔池中的 PbS、PbO 及 Pb等挥发进入烟尘，也会使烟尘率增高。

2. 解决措施

①合理控制水分和粒度，在物料混料的圆筒制粒机位置通入生产水，将控制水流量大小的电磁阀接入主控分布式控制系统界面，主控操作人员在进料过程中，根据混合物料的水分情况合理地调节生产水加入量，调节物料的水分及粒度。

②合理控制好炉子的抽力，不能过大，通过调节电收尘出口风机的运转频率，合理控制奥斯麦特炉炉口负压，将炉口负压控制在 $-40Pa \pm 10Pa$ 能够有效地控制烟尘量过大而造成电收尘温度过高的情况，同时提高了电收尘系统的收尘效率。

③尽可能低温操作，熔池温度不宜过高，将熔池温度控制在 950~1150℃，是整个熔炼过程的重点所在，这就需要合理搭配物料，严格控制含硫物料

（硫铁矿、硫化铅精矿）的加入，入炉混合物料含S（硫）8%~15%，能够有效地解决熔炼过程中温度过高的问题，同时也能满足后段制酸工艺流程对含硫烟气的需求。

④控制好泡沫渣的产生，熔炼过程是需要泡沫形成的，较低的泡沫条件能让物料进行充分的反应，因此熔炼过程中采用烟煤和无烟煤同时使用的方式进行熔炼。无烟煤在炉内的反应情况比烟煤剧烈，然而，剧烈的反应也是造成泡沫渣形成的原因，在前期熔炼过程中采用无烟煤用量比烟煤用量少的方式，当熔炼进行一段时间后则开始提高烟煤的用量，降低无烟煤的用量，这样能够有效地控制泡沫渣，而在排放前期的提温过程中则采用只加精矿和烟煤的方式进行熔炼。

3. 实施效果

通过在圆筒制粒机处增加生产水的方式，对物料制粒效果及水分含量进行了较好的改善，调整负压，保持炉内负压处在一个良好的状态，减少了大量物料被烟气带走的情况，低温操作也抑制了泡沫渣的产生，可减少烟气的形成，有效控制电收尘温度，极大提高了收尘效率，将奥斯麦特炉熔炼的烟尘率降低至 15% 以内，使奥斯麦特炉烟尘率持续偏高的问题得到解决。

第三讲

富铅渣渣型控制及肉眼观察要领

奥斯麦特炉熔炼过程中渣型的控制是整个冶炼过程的核心，渣型中各元素的配比、温度等直接影响整个熔渣的流动性，如果渣型的各个元素比例失调，则会造成富铅渣的排放困难，以及渣口的喷溅等问题。为此将奥斯麦特炉熔炼分为3个阶段，即"熔炼—提温—排放"。采用此方法后，奥斯麦特炉作业率提高至98%以上，同时也解决了奥斯麦特炉用于炼铅时排放困难的问题。

在熔炼过程中，奥斯麦特炉的渣型随着渣含铅的升高，颜色、密度、流动性都会发生变化，如下页图11所示。渣含铅达到40%以上时，渣颜色呈黑色偏淡绿色，相对密度4.2左右；低于35%时，渣颜色呈纯黑色，相对密度4左右；高于45%时，相对密度达到4.5，渣颜色呈黑色带微红色，流动性较好。当渣中含钙较高时，渣偏碱性，容易凝固而且堆溜槽；当渣中硅偏高时，渣偏酸性，容易拉丝，影响流动性。

含铅 50% 左右的富铅渣　　还原渣

图 11　高品位富铅渣与还原渣

一、熔炼过程中炉况频繁恶化

由于渣子占比过大，一般达到 65% 以上，在奥斯麦特炉熔炼过程中时常会遇到炉况恶化的问题，结合整个熔炼进行原因分析，总结出的原因如下。

①物料配比不当。奥斯麦特炉的原料并不是纯粹的铅精矿，其中包含了各类渣物料（铅渣，酸浸渣，烟尘，铜浮渣以及各种含金、银等有价金属的精矿等），由于物料成分的复杂，也造成了熔炼时，炉况难以维持稳定的情况。

②进料前期熔池温度偏低。奥斯麦特炉排放过程是一个保温的过程，同时排放过程中也进行着少

量精矿的加入，在排放过程中，含硫铅精矿中的 S
参与反应时无法提供足够热量给熔池。因此导致排
放结束后，如果进料量过大而造成死炉。

③钙硅比失调。当熔渣中含钙比例过大时，会
造成熔渣的黏稠性增加。渣子变黏后，喷枪对熔池
的搅动会变得不充分，大量的原料集中在熔池的上
层，无法与熔池混合反应，导致死炉的情况发生。

二、精确物料配比

采用奥斯麦特炉氧化加侧吹还原炉还原的熔炼
方式，奥斯麦特炉在其中起到的作用是"化矿脱
硫"，整个过程中只要渣型控制得好，将物料熔化
后排放至侧吹还原炉内，奥斯麦特炉的使命就得以
完成。在熔炼过程中主要是靠含硫铅精矿来带动其
他渣物料的熔化，所以在熔炼过程中一定要控制好
混合物料的品位。奥斯麦特炉入炉物料配比如下页
表 11 所示。

表 11　奥斯麦特炉入炉物料配比（单位：%）

Pb	Zn	S	Fe	SiO₂	CaO
43.16	2.24	13.84	4.82	0.97	0.62

以表 11 为参考所配比的物料经过奥斯麦特炉熔炼后，所得到的富铅渣成分分析如表 12 所示。

表 12　富铅渣成分分析（单位：%）

Pb	Zn	Fe	SiO₂	CaO
39.88	8.01	10.74	12.21	4.52

针对进料前期温度偏低的情况，采取进料前期以正常进料量的 2/3 为准（1.5t/h 无烟煤、1.5t/h 烟煤、15t/h 精矿、10t/h 渣物料）的配比方式进行奥斯麦特炉的物料加入，约 20min 后，依据尾气含氧量的实际情况再进行物料的调整，提高渣物料、煤的加入量，降低铅精矿的加入量。

钙硅比的调整主要也是通过入炉物料来控制，以表 11 入炉物料配比为例，能够将钙硅比控制在 0.3%~0.65% 的范围内。在奥斯麦特炉氧化熔炼中，如果钙含量太高，渣溜槽中会有堆溜槽，流动性不好，块状物多，严重影响渣子流动性，给奥斯麦特炉排放带来困难。

三、实施效果

调整奥斯麦特炉入炉物料的配比，将进料前期物料加入量控制在正常熔炼的 2/3，并且合理地控制入炉物料的钙、硅含量，由此将奥斯麦特炉频繁发生死炉的问题概率大大降低，尽管不能完全解决这个问题，但是经过调整后的奥斯麦特炉，只是在物料变更比较严重的时候才会发生死炉。目前我们也正在努力地维持物料的稳定，特别是通过肉眼观察渣子颜色状况，快速判断炉况，尽可能减少死炉的频次。

第四讲

排放过程控制

一、排放过程中渣口出铅问题

1.问题描述

在奥斯麦特炉排放富铅渣的过程中偶尔会遇到从渣口流淌出来的渣子混杂着铅液的现象，此时排放过程是不顺畅的，既浪费时间又不能将奥斯麦特炉内的热渣排出，给生产作业带来极大的不便。针对排放出现的这些问题，结合实际炉况进行分析，总结出以下几点原因。

①奥斯麦特炉熔炼过程中反应不充分，发生了部分还原反应，将熔渣中的 PbO 还原成了 Pb，混杂在富铅渣中，在渣样中可以通过眼睛观察，清晰地看到渣中夹渣，并有气泡现象。

②进料量大、搅拌不充分或反应时间不够。熔池中夹生料或反应不充分也会导致排放困难。

③熔炼过程中温度控制不到位，温度偏低，造成熔池搅动不充分。

④在熔池搅动不充分的情况下，煤不完全反应生成了 CO 参与反应，从而导致 Pb 的产生。

⑤喷枪烧损变形，末端给风不均匀，导致熔池在各个方向搅拌不均匀，反应不充分、不彻底，从而导致产出的粗铅像沙子，难以排放。

2. 解决措施

对于上述问题采取的措施是联系排放人员迅速将渣口堵住，主控人员则进行调整，调整方法如下。

①将喷枪油的使用量调整至 500~800L/h，插入熔池进行加热，注意喷枪插入熔池不宜过深，应该根据喷枪的摆动情况以及喷枪背压（75~115kPa）来进行喷枪的提升与下放操作，而且喷枪不能长时间停放在一个高度，加热过程中应该上下来回提升，调整时间为 40min 左右。

②精矿加入量设置为 10t/h，煤量设置为 2t/h。当炉况好转后停止加煤，进行泡沫消除流程。泡沫消除结束后，组织排放进行二次烧口作业。

③合理控制渣型，选择合适的 SiO/Fe、SiO/CaO 及空气系数，使渣中含铅量以及渣的熔点、黏度达到排放要求。

3. 实施效果

在熔炼过程中遇到上述问题时，采用以上操作方法进行控制，能够快速将奥斯麦特炉炉况调整到放渣时的状态，大大降低了排放难度，为稳定生产节省了大量时间，降低了排放人员的作业时间，提高了奥斯麦特炉作业率。

二、排放过程产生喷溅

1. 问题描述

奥斯麦特炉在渣口烧开后会产生较大的喷溅，大量气泡伴随富铅渣喷出，富铅渣的流淌受阻，渣口作业人员需要不断地利用钎子进行通口，才能保证富铅渣的顺利流出，并且排放时间也随之加长。正常情况下，奥斯麦特炉进料量在 55~65t 时，排放时间控制在 25min 以内；当遇到排放困难的时候，不仅加大了排放的难度，同时排放时间最短也需要 35min 左右，耗时长的同时也存在着非常巨大的安全隐患。经过对渣子的观察，初步判断产生这一问题的原因是：排放之前奥斯麦特炉熔池内的泡沫渣未消除干净，并且物料反应未完全，排放过程中物料仍在进行着剧烈的化学反应，导致大量的气体产生，奥斯麦特炉放渣时这些气体随着渣子从渣口喷出。

2. 解决措施

①适当提高奥斯麦特炉提温时间。奥斯麦特炉的提温时间根据实际炉况控制在 25~40min，在奥斯麦特炉炉况较好的情况下提温 25min 左右即可达到排放需求；在炉况不理想的状态下，正常提温基础上提高提温时间 15min 左右。

②提温过程中将无烟煤的使用比例降低，甚至取消使用无烟煤，全部使用烟煤，烟煤加入量控制在 2.5~3t/h，精矿加入量控制在 15~20t/h，其他渣物料则不加入。

③提温结束，煤量加入 0~0.5t/h，待皮带上煤全部走空时，喷枪加油 300~800L/h，进行泡沫消除作业，消除泡沫时间控制在 10~25min。

④调节提温过程的富氧浓度，降低喷枪总风

量，达到减少空气鼓入量的效果。

⑤将渣溜槽的高度提高，加深后的渣溜槽喷溅情况则相对改善了许多。

⑥必要情况下采取停炉措施进行放渣。

3. 实施效果

通过上述措施的实际操作，基本能够解决排放时产生喷溅的问题，解决该问题后，排放过程也比较顺畅，排放时间基本能够控制在 15min 左右，极大地提高了奥斯麦特炉连续作业的时间，奥斯麦特炉的投料量在正常情况下能够维持在 700t/d。奥斯麦特炉作业率得到非常大的提升，为公司创造了可观的经济效益。

第五讲

侧吹还原炉还原熔炼工艺原理

一、侧吹还原炉作业原理

　　奥斯麦特炉产出的液态富铅渣直接经热渣口进入还原炉，石灰石、块煤、焦炭等通过抓斗上料，经定量给料机配料、皮带输送机和斗提机送至炉前移动皮带进入还原炉，还原炉返尘经刮板输送至返料仓。天然气、氮气和富氧空气通过喷枪喷入炉内，经一定作业周期还原熔炼产出高温铅液、还原渣，还原炉虹吸口产出的铅液，通过渣溜槽流入受铅锅，还原热渣，经渣包送至烟化炉，烟气经余热锅炉、表冷器、布袋收尘处理后，尾气送过氧化氢脱硫后排放。以下为具体的化学反应式。

$$CH_4+1.5O_2=CO+2H_2O \qquad CH_4+2O_2=CO_2+2H_2O$$

$$C+O_2=CO_2 \qquad 2C+O_2=2CO$$

$$CO_2+C=2CO \qquad 2CO+O_2=2CO_2$$

$$PbO+C=Pb+CO \qquad PbO+CO=Pb+CO_2$$

$$PbO \cdot SiO_2+3CO=Pb+3CO_2+Si$$

　　侧吹还原炉吹炼作业流程如下页图 12 所示。

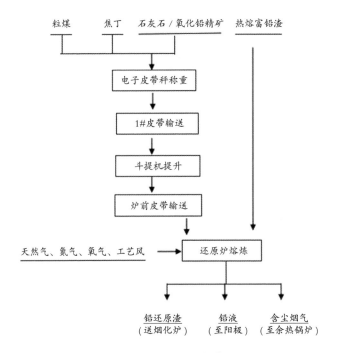

图 12　侧吹还原炉吹炼作业流程

二、侧吹还原炉冶炼工艺介绍

随着环保、节能要求的提高，大量新工艺、新装备应用于炼铅工业。国内比较先进的炼铅工艺有两大类：富氧强化熔炼加冷态富铅渣还原和富氧强化熔炼加液态富铅渣还原。两类粗铅冶炼方法经实践证明均可行，较传统粗铅冶炼工艺均有较大的环保、节能优势。

液态富铅渣还原生产粗铅的冶金炉包括冶金炉本体、烟气口、鼓风口、热渣进料口、焦炭口、烟道、放渣口、虹吸口、烧嘴、预留口，冶金炉本体包括炉基、还原室、沉清分离室、熔渣口，炉基顶部设有还原室，还原室左侧的炉基上设有沉清分离室，还原室底部设有熔渣口，还原室与沉清分离室通过熔渣口相连通。本方法将还原室与沉清分离室分开，分别发挥不同的功能，富铅渣经过还原熔炼之后，产出大量粗铅和炉渣，同时，充分利用液态富铅渣的物理热在沉清分离室使用烧嘴进行保温，粗铅和炉渣混合物在沉清分离室内得到沉清分离，有利于渣铅分离。

　　冷态富铅渣是硫化铅精矿在熔炼氧化过程中产生的高铅热渣经冷却得到的冷态渣，一般含铅40%~45%，主要由富氧顶吹炉或富氧底吹炉产出。冷态富铅渣常作为鼓风炉入炉原料处理，缺点是氧化熔炼产生富铅渣，生产过程连续性弱，热能综合利用效果差，不利于节能减排。随着国家对节能减排工作的日益重视，鼓风炉炼铅工艺已经成为淘汰工艺。在富氧顶吹即侧吹还原炉炼铅、富氧底吹即还原炉炼铅过程中，由于生产故障、检修作业等原因，总会产生一部分冷态富铅渣，由于冷态富铅渣在熔化过程中吸收热量，影响还原炉的稳定性，从而限制了冷态富铅渣的处理，长期堆存会造成资源浪费，影响有价金属的综合回收，且增加现场仓库堆存负担。国内外未见用炼铅还原炉处理冷态富铅渣的工艺介绍。本方法将冷态富铅渣加入热渣侧吹还原炉内进行处理，可随热渣一起处理，也可单独加入炉内处理，解决了还原炉炉况不稳定的问题，达到了综合回收有价金属的目的。

中国恩菲工程技术有限公司自主研发的"富氧强化熔炼液态渣直接还原"得到大力推广运用，是国内最具代表性的粗铅生产工艺。液态渣直接还原在侧吹还原炉内完成，该方法充分利用液态富铅渣的物理热，余热利用率高，粗铅生产综合能耗低，自动化程度高，有效降低了冶炼工人的劳动强度。

第六讲

侧吹还原炉熔炼过程控制

一、还原过程中当炉内反应过于剧烈，热渣口出现翻渣情况

1. 问题描述

与奥斯麦特炉相比，还原炉同样在还原过程中会有泡沫渣的产生，但是由于还原炉采用的原料为液态富铅渣，绝大部分的渣型调整都是以奥斯麦特炉的控制为主，还原熔炼过于剧烈时则会造成泡沫渣从进料的热渣口翻出。

经过分析得出原因：粒煤的加入速率过快（正常情况下当奥斯麦特炉放渣进入还原炉中，采取加粒煤或焦丁 1~2t/h 的方式，奥斯麦特炉放渣结束后，强还原阶段根据炉内还原情况，通过调节电子皮带秤给料量来调节粒煤或焦丁的加入速度，为 2~2.5t/h）。而大多数还原炉产生泡沫渣的时间段都集中在进完热渣以后，还原炉进渣后保持总熔池在 2.3m ± 0.2m，此时由于熔池较高，同时反应的剧烈程度不同，造成泡沫渣的产生量也不同。当泡沫渣量过大时，则会从渣口漫出，发生泡沫渣事故。

2. 解决措施

①发现热渣口有飞渣现象时，主控人员立即调整或减少辅料的加入，主要的调整方式为飞渣情况较轻微，则减少粒煤加入量，增加焦丁的用量，总煤量应该根据虹吸口出铅情况进行调整。飞渣严重，但是没有出现泡沫渣翻出热渣口的情况，则停止粒煤加入，全部改用焦丁加入进行还原。

②出现泡沫渣从热渣口翻出时，主控人员立即停止辅料的加入，同时通知排放工减小虹吸铅流量或堵虹吸，待炉内情况稳定后联系排放人员清理热渣口，清理完成后，主控人员逐步恢复辅料的加入（改用加入焦丁的方式进行还原，还原到一定时间后，飞渣现象消失即可采取加入粒煤的方式进行还原）。

3. 实施效果

通过上述操作，还原炉从热渣口飞渣、翻渣的情况基本能够得到有效的控制，在发生类似情况时能够快速地控制住还原炉泡沫渣的产生而造成的事故，及时挽回可能因泡沫渣翻出导致的经济损失，保护了设备及人员的安全。该方法还作为还原炉泡沫渣事故应急处置的一部分，让所有相关岗位人员进行系统的学习，提高了其应急处置能力。

二、喷枪使用寿命短

1. 问题描述

云南驰宏资源综合利用有限公司侧吹还原炉采用的是 10 支喷枪的设计，经过长期摸索及不断地调整，采用 6 支也能完美地达到还原效果，但是侧吹还原炉投产初期，喷枪损坏的情况时常发生，平均每支喷枪的使用寿命为 1 个月。一旦发生喷枪损坏则必须进行停炉更换，经过对损坏喷枪的观察，发现大多数喷枪是被烧损的。

2. 解决措施

由于没有一套完整的冷却喷枪系统，喷枪在使用中对高温的耐受度变得很低，从而时常发生损坏，为此查阅了大量的文献资料，最终采用了铜水套对喷枪进行冷却，喷枪水套供水则采用一套独立的供水系统（如图13~图15所示），在发生紧急情况时也能对铜水套进行稳定的供水。

3.实施效果

采用铜水套冷却的方式后，喷枪的使用寿命得到了质的提升，有些喷枪能够使用一整个炉期都不发生损坏，但是随之带来的问题也出现了：由于铅对铜的腐蚀性较大，在整个熔炼过程中必须精准地操控，铅熔池的高度必须时刻保持在铜水套的最低

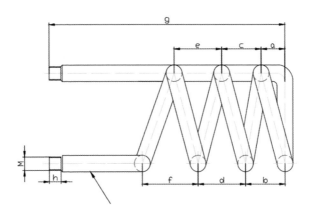

图13　水套冷却循环水流向

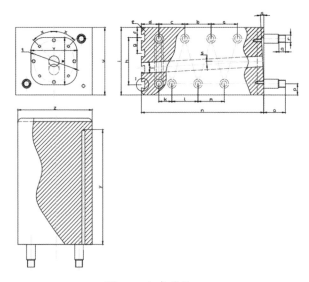

图 14   水套结构

图 15   水套外观

位置以下，增加了主控人员的作业难度。

三、侧吹还原炉长时间停炉保温后隔层难化开的问题

1. 问题描述

为解决现有侧吹还原炉炼铅时，计划停炉后开炉时冰铜隔层难以熔化、铅液虹吸口难以烧开的难题，对侧吹还原炉计划停炉保温后炉况进行分析，要综合考虑停炉时长和氧气、天然气、压缩空气、粒煤的用量对侧吹还原炉熔池温度的影响，最终得到准确的结论，为侧吹还原炉开炉熔化冰铜隔层方法的研究和发展提供支撑与指导。还原炉冷却后，冰铜会随着铅液的冷却而慢慢低温析出，由于冰铜密度比铅小、比渣大，因此冰铜在铅与渣的中间形成隔层。冰铜分为硫化亚铜和砷冰铜，硫化亚铜产生时，其熔点增加；砷冰铜产生时，其熔点降低。因此，需在还原炉中尽量降低奥斯麦特炉的渣含硫量，通过观察奥斯麦特炉的渣子状态也能轻松判断

出其现象。

2. 解决措施

①计划性停炉前一天，将奥斯麦特炉高铜铅精矿换成低铜铅精矿，要求入炉物料含铜＜1%，并且在奥斯麦特炉熔炼时，尽量把富铅渣中的硫脱彻底，其现象为烟气不含硫刺鼻气味、渣流动性好且渣不拉丝（含硅不能太高）。

②确定侧吹还原炉最后一炉还原结束后，铅熔池高度控制在550~700mm，放渣后总熔池高度控制在1000~1200mm，停炉保温时长在12h以上。

③根据步骤②中确定的参数进行调整，侧吹还原炉停炉保温过程中喷枪所需天然气150Nm³/h、压缩空气全部关闭（根据实际情况，若氧气支管压力低可开部分压缩空气补充）、氧气300Nm³/h、粒煤0t/h，对侧吹还原炉进行保温作业。

④确定奥斯麦特炉的开炉时间，根据还原炉熔池高度，计算需放入还原炉的富铅渣量约40t，奥斯麦特炉料总量55t，控制奥斯麦特炉产出富铅渣

的渣型。

⑤根据步骤④确定开炉的时间，还原炉进热渣时提前 8~12h 对侧吹还原炉熔池进行升温，天然气 280Nm³/h，氧气 800~900Nm³/h，此过程中氮气、压缩空气可不通入。对还原炉中的低铅还原渣进行 $FeO \cdot SiO_2$（铁橄榄石）的还原，以便提前改善还原渣的流动性实现快速提温，过程中及时掌握侧吹还原炉冰铜层熔化情况。

⑥侧吹还原炉开炉时，总熔池高度控制在 1800~2300mm，则奥斯麦特炉开炉时进料量控制在 45~55t，富铅渣含铅 40%~45%。

⑦奥斯麦特炉放一炉富铅渣（40t）进入侧吹还原炉进行提温作业，升温熔化过程中可适当加入粒煤进行提温，粒煤加入量为 0.3~0.5t/ 次，主控人员随时下放碳棒检查冰铜隔层熔化情况，确定侧吹还原炉富铅渣进渣完成后的总熔池高度控制在 1800~2300mm。主要目的是提高渣温，使渣的热辐射软化冰铜层，在第二次放渣时，隔层要软化，通过探测熔池可以

发现在碳棒底部有少量冰铜挂在上面。

⑧侧吹还原炉升温熔化隔层时，需用木柴（粒炭）对铅溜槽进行加热，使铅溜槽保持高温状态，避免虹吸道中流出的冷铅将铅溜槽堵塞，升温至所需温度后进行烧虹吸作业。

⑨当虹吸道烧开后，还原炉正常进辅料，控制好还原速度，根据铅流量及时调整给煤量（1~2.5t/h）进行还原（没有铅流量禁止还原）。

⑩还原结束后，侧吹还原炉进行放渣作业，虹吸情况正常时，下一炉天然气和氧气恢复到正常生产时的用量（天然气 240~260Nm³/h、氧气 750Nm³/h、氮气 30~50Nm³/h、压缩空气 200~250Nm³/h）进行还原作业。

⑪整个过程中，铅熔池高度必须控制在侧吹还原炉喷枪铜水套高度以下。

3. 实施效果

经过以上方法进行开炉操作，侧吹还原炉停炉检修后的开炉成功率基本能够保持在 90% 以上。在富铅渣进入还原炉后进行提温操作，提温 6~8h 后冻层有了明显的软化，不断调整喷枪系统燃料的加入方式，间断给煤进行提温，温度达到后进行烧虹吸作业，虹吸道烧开耗时也缩短至 2h 以内，对比之前烧虹吸的时间，缩短了 12~24h。此方法的应用能够使侧吹还原炉从停炉保温状态迅速切换至正常生产状态。

后　记

曾看到这样一句话："这个世界并不合乎所有人的梦想，有的人选择了放弃，而有的人却选择了坚持。"而比坚持更可贵的是对于完美的不懈追求，将毕生岁月奉献给一门手艺、一项事业、一种信仰，这个世界上有多少人可以做到呢？如果做到需要什么作为支撑呢？我想，大概是十年磨一剑的耐力，恪尽职守的态度，精益求精的决心，才能让文化传承，让国家永存。

自从与铅结缘，我就从来没有离开过它。为了它，我曾每天提前一小时到达操作现场，观察、熟悉铅冶炼的设备和流程；为了它，当时只有初中文凭的我每天背英文单词到凌晨；为了它，我奉献出了自己的青春、才智，终于有了今天的成就。

以技能予报国，以匠心永筑梦。我作为新中国冶金行业的一名冶炼工人，凭借着对驰宏锌锗、奥斯麦特炉、铅冶炼事业的一腔热爱，不懈追求，潜心钻研，在熔炼工艺的道路上，解决一个个难题，攻克一道道难关，不断延续和升华着自己的"冶金梦"。

征途漫漫，唯有奋斗。在市场经济竞争的大潮中，我以全国示范性劳模和工匠人才创新工作室为载体，带领着我的团队奋战在企业生产的第一线，勇立潮头、开拓创新、"铅"锤百炼，发扬逢山开路、遇水架桥的精神，扫除铅冶炼生产中的"拦路虎"，不断创造着熔池熔炼的新辉煌。

以上向各位介绍的内容都是我们在实际生产过程中解决问题后的心得与体会，有不妥之处望各位专家给予批评和指正。

徐孝东.

2023 年 5 月

图书在版编目（CIP）数据

徐成东工作法：肉眼秒判奥斯麦特炉渣含铅品位 /徐成东著. —北京：
中国工人出版社，2023.7

ISBN 978-7-5008-8230-5

Ⅰ.①徐… Ⅱ.①徐… Ⅲ.①氧气侧吹转炉－还原炉 Ⅳ.①TF748.23

中国国家版本馆CIP数据核字（2023）第126506号

徐成东工作法：肉眼秒判奥斯麦特炉渣含铅品位

出 版 人	董　宽	
责 任 编 辑	时秀晶	
责 任 校 对	张　彦	
责 任 印 制	栾征宇	
出 版 发 行	中国工人出版社	
地　　　址	北京市东城区鼓楼外大街45号　邮编：100120	
网　　　址	http://www.wp-china.com	
电　　　话	（010）62005043（总编室）	
	（010）62005039（印制管理中心）	
	（010）62046408（职工教育分社）	
发 行 热 线	（010）82029051　62383056	
经　　　销	各地书店	
印　　　刷	北京美图印务有限公司	
开　　　本	787毫米×1092毫米　1/32	
印　　　张	2.5	
字　　　数	35千字	
版　　　次	2023年8月第1版　2023年8月第1次印刷	
定　　　价	28.00元